Bibliografische Information der Deutschen Nationalbibliothek:

Die Deutsche Bibliothek verzeichnet diese Publikation in der Deutschen Nationalbibliografie; detaillierte bibliografische Daten sind im Internet über http://dnb.d-nb.de/ abrufbar.

Impressum:

Druck und Bindung: Books on Demand GmbH, Norderstedt Germany
ISBN 9783668941625

Dieses Buch bei GRIN:

https://www.grin.com/document/468177

Jan Vieweger

Der Anstieg der atmosphärischen Kohlendioxid-Konzentration. Trend und Auslöser der Keeling Kurve

GRIN Verlag

Jan Vieweger

Modul IKK61 – Interdisziplinäre Kompetenz

Assignment

KLIMA

Klimawandel – Die <<Keeling-Kurve>>

Datum Abgabe: 04.02.2019

Aufgabenstellung

Langtitel: „Klimawandel – Die «*Keeling-Kurve*»"

1. Skizzieren und beschreiben Sie die «*Keeling-Kurve*» – Anstieg der atmosphärischen Kohlendioxid-Konzentration – von Beginn der Messungen an.
2. Erläutern und begründen Sie den Trend der Kurve.
3. Was sind die wesentlichen Auslöser für den Verlauf der Kurve?
4. Ist der Kurvenverlauf wissenschaftlich gesichert oder existieren gegenteilige Meinungen?

Inhaltsverzeichnis

Aufgabenstellung I

Inhaltsverzeichnis II

Abbildungsverzeichnis III

Abkürzungsverzeichnis IV

1 Einleitung 1

1.1 Fragestellung und Zielsetzung 1

1.2 Aufbau des Assignments 1

2 Der Beginn der Klimaforschung 2

2.1 Korrelation der atmosphärischen Zusammensetzung und des Klimas 2

2.2 Grundstein der Klimadiskussion 5

2.3 Der Kohlenstoffkreislauf 6

2.4 Der Treibhauseffekt 8

3 Klimaforschung und die Keeling Kurve 9

3.1 Die Keeling Kurve 9

3.2 Was kann die Keeling Kurve nicht leisten? 10

3.3 Weitere Faktoren der Klimaentwicklung 11

3.4 Positive Effekte aufgrund der Klimaforschung 13

4 Zusammenfassung und Ausblick 14

Literaturverzeichnis 15

Abbildungsverzeichnis

Abbildung 1: Bestandteile der Erdatmosphäre in Bodennähe 2
Abbildung 2: Haupt- und Spurengase der Atmosphäre 3
Abbildung 3: Temperatur-, Druckverlauf und Schichtenmodell der Erdatmosphäre 4
Abbildung 4: Keeling-Kurve 6
Abbildung 5: Kohlenstoffkreislauf (schematisch) 7
Abbildung 6: Verlauf CO2-Konzentration Mauna Loa, Hawaii 10
Abbildung 7: Temperatur und CO2 Verlauf (1980-2012) 11

Abkürzungsverzeichnis

Abkürzung	**Erläuterung**
IPCC	Intergovernmental Panel on Climate Change
NOAA	National Oceanic and Atmospheric Administration
WBGU	Wissenschaftlicher Beirat der Bundesregierung Globale Umweltveränderungen

1 Einleitung

Der Klimawandel ist in vollem Gange und stellt die Menschheit in der Zukunft vor große Aufgaben für die es gilt, Methoden, Werkzeuge und Modelle zu erarbeiten, die eine Möglichkeit konstatieren können, potentielle Folgen und Auswirkungen abzuschätzen und im Besten Fall sinnvolle und umsetzbare Gegenmaßnahmen abzuleiten. Der Klimawandel ist so alt, wie die Erde selber und kann für die Gegenwart Fluch und Segen gleichermaßen darstellen. Aufgrund der Arbeit von Charles Keeling und den von seiner Messstation ermittelten Werten, die Aufschluss über die Kohlendioxidkonzentration in der Atmosphäre geben, ist ein wichtiges Instrument erarbeitet worden, damit die Auswirkungen des Klimawandels aufgrund der steigenden CO_2-Konzentration voraussagbar und einzuordnen sind. Diese Aufgabe kann nicht nur auf den Messwerten bezüglich des Kohlendioxids fußen, da die Atmosphäre sich aus vielen weiteren Elementen zusammensetzt, die in ihrer Komplexität und Wechselwirkung aktiv sind. Dieses Assignment stellt die sogenannte Keeling Kurve vor und stellt ihre Bedeutung für die Klimaforschung in einen Gesamtzusammenhang.

1.1 Fragestellung und Zielsetzung

Dieses Assignment bearbeitet die Fragestellung, welchen Stellenwert die Keeling Kurve in der gegenwärtigen Klimaforschung besitzt und welche weiteren Faktoren für die Klimaforschung von höchster Bedeutung sind. Durch diese Arbeit sollen die von Charles Keeling erarbeiteten Messwerte in Form der Keeling Kurve vorgestellt und in einen Gesamtzusammenhang gestellt werden. Weitere, die Klimaforschung betreffende Faktoren werden ebenfalls erarbeitet und mit der Keeling Kurve in ein Verhältnis gestellt, um letztlich die Bedeutung der Keeling Kurve darstellen zu können.

1.2 Aufbau des Assignments

Diese Arbeit beginnt mit der Hinführung zum Thema durch das einleitende Kapitel. Daran schließt sich eine Erläuterung der theoretischen Grundlagen an, in der auf die einzelnen Themen Atmosphäre, Kohlenstoff, Kohlenstoffkreislauf und den Treibhauseffekt eingegangen wird. Im folgenden Kapitel wird die Keeling Kurve vorgestellt und mit der Klimaforschung verknüpft. Es wird ferner deutlich gemacht, was die Keeling Kurve nicht darstellen kann. Ergänzend dazu, werden weitere Faktoren vorgestellt und erläutert, die im Bezug auf die Klimaforschung von Bedeutung sind. Positive Effekte durch die Feststellung des starken Anstiegs des Kohlendioxids in der Atmosphäre schließen dieses Kapitel. Abschließend werden die Ergebnisse vorgestellt und ein Fazit gezogen.

2 Der Beginn der Klimaforschung

2.1 Korrelation der atmosphärischen Zusammensetzung und des Klimas

Im Gegenteil zum Urnebel, der auch Primordialatmosphäre bezeichnet wird, ist durch verschiedene bio- wie auch geochemische Prozesse die heutige Atmosphäre entstanden, ohne die kein menschliches Leben auf dieser Erde möglich wäre. Die Atmosphäre der Erde setzt sich aus den folgenden Bestandteilen nahe der Erdoberfläche zusammen.[1] Hauptbestandteile der Erdatmosphäre sind 78,084% Stickstoff, 20,946% Sauerstoff, 0,934% Argon und 0,0355% Kohlendioxid (Stand 2009). Zu den weiteren Bestandteilen der Erdatmosphäre gehören zu geringen Volumenanteilen Elemente wie Neon, Helium, Methan etc. Die exakten Werte können in der folgenden Abbildung eingesehen werden. Die Größenordnung ist bei den kleinsten Bestandteilen der Erdatmosphäre in ppt (parts per trillion – 1 Billionstel) bzw. ppb (parts per billion – 1 Milliardstel) bzw. ppm (parts per million – 1 Millionstel) Volumenanteil angegeben. Aus diesen Angaben wird die Verhältnismäßigkeit der chemischen atmosphärischen Zusammensetzung deutlich.

chemische Formel	Gasname	Konzentration (in Volumenanteil)	Größenordnung
N_2	Stickstoff	78,084 %	(% = 10^{-2})
O_2	Sauerstoff	20,946 %	
Ar	Argon	0,934 %	
CO_2	Kohlendioxid	0,0355 % = 355 ppm	(ppm = 10^{-6})
Ne	Neon	8,2 ppm	
He	Helium	5,2 ppm	
CH_4	Methan	1,7 ppm	
Kr	Krypton	1,1 ppm	
H_2	Wasserstoff	0,56 ppm	
N_2O	Distickstoffoxid	0,31 ppm	
Xe	Xenon	0,09 ppm = 90ppb	(ppb = 10^{-9})
CO	Kohlenmonoxid	50–200 ppb	
O_3	Ozon	5–50 ppb	
NOx (=NO, NO_2)	Stickoxide	0,05–5 ppb	
FCKW	Fluorchlorkohlenwasserstoffe	0,25 ppb = 250 ppt	
$CFCl_3$	Trichlorfluormethan	0,45 ppb = 450 ppt	(ppt = 10^{-12})
CF_2Cl_2	Dichlordifluormethan		

Abbildung 1: Bestandteile der Erdatmosphäre in Bodennähe

(Quelle: Entnommen aus Kappas, M. (2009), S. 72.)

Unterschieden werden zwischen den sogenannten Hauptgasen der Atmosphäre und den sogenannten Spurengasen, die nur zu sehr geringen Volumenanteilen in der Atmosphäre

[1] Vgl. Kappas, M. (2009), S. 82.

vorkommen. Die folgende Abbildung stellt die Haupt- und Spurengase der Atmosphäre grafisch dar.

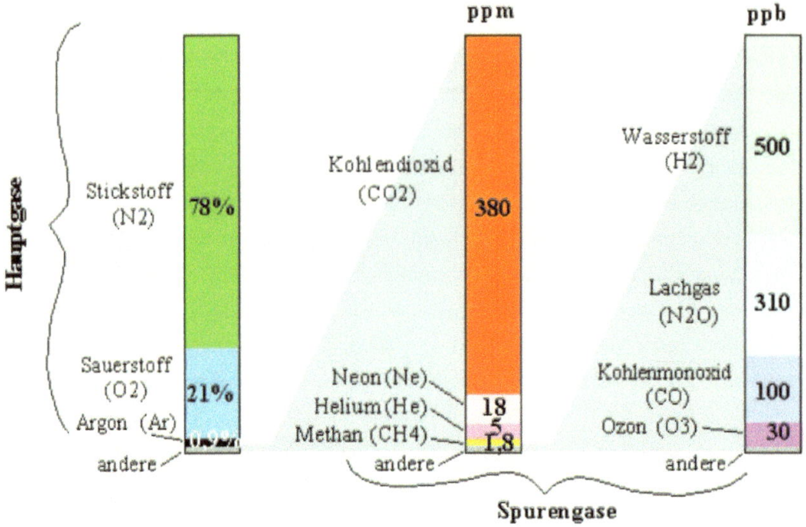

Abbildung 2: Haupt- und Spurengase der Atmosphäre

(Quelle: Entnommen aus Tuckermann, R. (2005), S. 10.)

Kohlendioxid ist seit dem 18. Jahrhundert bekannt und kommt in seiner chemischen Zusammensetzung (CO_2) in vielen natürlichen und technischen Prozessen vor.[2] Kohlendioxid wird in der heutigen Klimadiskussion als Ursache des weltweiten Klimawandels kontrovers behandelt. Die Atmosphäre unterscheidet sich in Abhängigkeit von der Höhe ausgehend von der Erdoberfläche durch verschiedene Schichten. Die Atmosphäre der Erde setzt sich zusammen aus der Wettersphäre – Troposphäre –, der unteren und oberen Stratosphäre sowie der Mesosphäre und der Thermosphäre, die den Übergang zum Weltall darstellt. Zwischen den einzelnen Schichten sind Übergangsschichten vorhanden, die als Tropopause, Stratopause oder Mesopause bezeichnet werden.[3] Die folgende Abbildung zeigt das Schichtenmodell der Atmosphäre.

[2] Vgl. Fischedick, M./ Görner, K./ Thomeczeck, M. ((2015), S. 69.
[3] Vgl. Brauch, H. G. (1996), S. 5f.

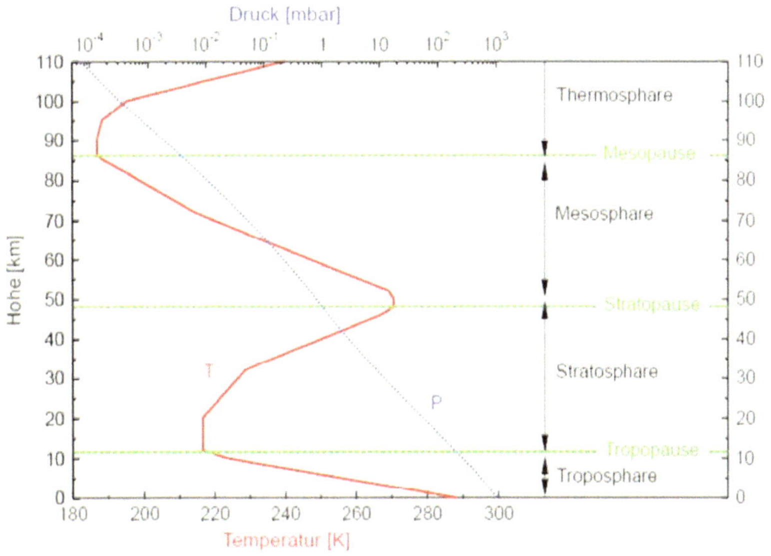

Abbildung 3: Temperatur-, Druckverlauf und Schichtenmodell der Erdatmosphäre

(Quelle: Entnommen aus Tuckermann, R. (2005), S. 12.)

Ausgehend von der Zusammensetzung der Schichten der Atmosphäre stellt sich über den gesamten Erdball entlang der Breitengrade ein verschiedenes Klima ein, dass bis in die Neuzeit mit unterschiedlichen Einstrahlungswinkeln der Sonne erklärt wurde, da der Begriff Klima „ich neige" im Griechischen bedeutet. Ergänzend zum Einstrahlungswinkel sind ferner der Vulkanismus[4], die Sonnenaktivität[5] und die atmosphärisch-ozeanische Zirkulation, welche sich durch Winde, Meeresströmungen, Hebungs- und Absinkvorgänge[6] auszeichnet, zu nennen. Die vorhandene Schneedecke sowie die Vegetation, als auch der Treibhauseffekt stellen Grundlagen für Klimaveränderungen dar.[7] Die zyklischen Klimaveränderungen werden mitunter in einer Debatte thematisiert, die auf der Annahme eines anthropogenen Klimawandels argumentiert werden, die ihren Ursprung in der Keeling-Kurve hat, die im Folgenden näher dargestellt wird.

---

[4] Vgl. Schönwiese, C. (1995), S. 136.
[5] Vgl. Brauch, H. G. (1996), S. 14f.
[6] Vgl. Schönwiese, C. (1995), S. 118.
[7] Vgl. Schönwiese, C. (1996), S. 119f.

2.2 Grundstein der Klimadiskussion

Nachdem sich Jean Baptiste Fourier und John Tyndall im 19. Jahrhundert mit der Untersuchung des Treibhauseffekts und der Charakteristik von Spurengasen auseinandergesetzt hatten, begann Svante Arrhenius mit der Berechnung eines natürlichen Treibhauseffektes durch das Spurengas CO_2.[8] Mehr als 60 Jahre später hat der US-amerikanische Klimaforscher Charles David Keeling mit der Errichtung einer Messstation auf dem Berg Mauna Loa auf Hawaii zur Verifizierung der CO_2-Konzentration in der Atmosphäre den Grundstein für die heutige Klimaforschung gesetzt.[9] Durch die Errichtung der Messstation konnten seither kontinuierlich Messwerte ermittelt und anschließend zu einer grafischen Darstellung verarbeitet werden. Die Messwerte der CO_2-Konzentration in der Erdatmosphäre stellen seit Aufzeichnungsbeginn einen stetigen Anstieg dar.[10] Das Sägezahnmuster des Verlaufs der Kurve stellt den jahreszeitlichen Verlauf, ausgelöst durch die Verhältnismäßigkeit von Nord- und Südhalbkugelvegetation, fest. Die Flora ist ungleichmäßig auf der Nord- und Südhalbkugel verteilt. Da die Nordhalbkugel einen doppelt so großen Anteil an Festland, also auch Pflanzen gegenüber der Südhalbkugel hat, ist das Verhältnis zu ihren Gunsten auszulegen. Ist im Frühling auf der Nordhalbkugel der Wert der CO_2-Konzentration erhöht, so wird dieser im Herbst einen erniedrigten Wert vorweisen, da das Pflanzenvorkommen ihr CO_2-Verarbeitungsmaximum durch Photosynthese erreicht hat.[11] In der folgenden Abbildung ist die ,nach dem Klimaforscher benannte Keeling-Kurve, in erweiterter Form dargestellt. Zu sehen sind neben den Messwerten der Mauna Loa Station (farbliche Markierung) die historischen Werte, die zeigen, dass die Messwerte der CO_2-Konzentration seit ca. 1750 stetig steigen, jedoch einen annähernd exponentiellen Verlauf ab Mitte des 20. Jahrhunderts (1958) aufweisen. Die separierte Keeling Kurve ist in Abbildung 6 dargestellt. Dies wird mit dem verstärkten Schadstoffausstoß durch die Nutzung fossiler Brennstoffe begründet und direkt mit der einsetzenden Industrialisierung verknüpft. Die entstehenden Schadstoffe sind wiederum insgesamt auf den Zuwachs an CO_2 reduziert worden.[12] Ausgehend von den ermittelten Messwerten und den damit einhergehenden Interdependenzen zwischen chemischer Zusammensetzung der Atmosphäre und dem Klima, trat der Treibhauseffekt, angeblich verstärkt durch die Zunahme an CO_2 in der Atmosphäre, in den Vordergrund, der als Ursache des anthropogenen Klimawandels gehandelt wird, wodurch stellenweise auch das Zeitalter des

---

[8] Vgl. Bundeszentrale für politische Bildung (2013), o. S.
[9] Vgl. Wiegleb, G. (2016), S. 17f.
[10] Vgl. Kappas, M. (2009), S. 160f.
[11] Vgl. Bahlburg, H./ Breitkreuz, C. (2017), S. 408.
[12] Vgl. Wiegleb, G. (2015), S. 17f.

Anthropozäns ausgerufen wird.[13] Um die Zusammenhänge des Kohlenstoffs als chemischer Baustein der Natur zu verstehen, wird im Folgenden der Kohlenstoffkreislauf erläutert.

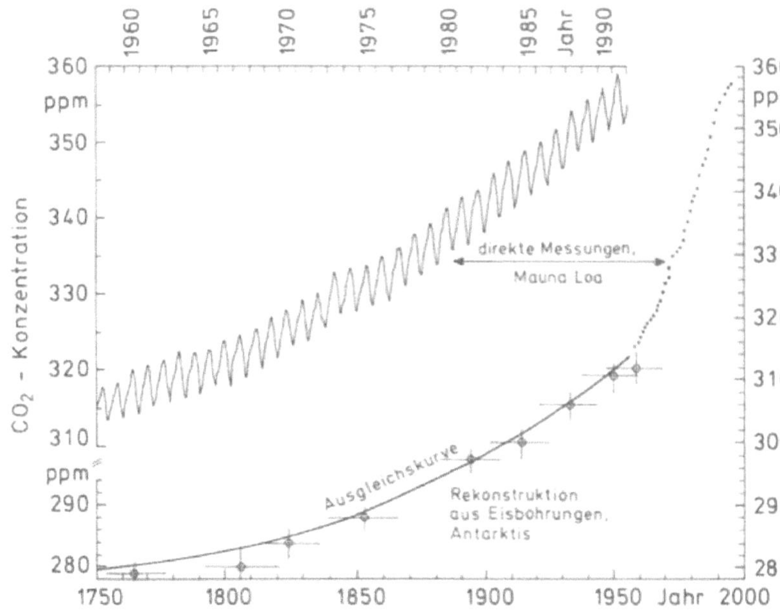

Abbildung 4: Keeling-Kurve

(Quelle: Entnommen aus Schönwiese, C. (1996), S. 176.)

2.3 Der Kohlenstoffkreislauf

Um der Bedeutung des Kohlenstoffs näher zu komme, muss der Kohlenstoffkreislauf auf der Erde genauer erklärt werden. Der Kohlenstoffkreislauf teilt sich in vier Teilbereiche auf. Die Teilbereiche sind die Lithosphäre, Biosphäre, Hydrosphäre, Kryosphäre und die Atmosphäre. Der Bereich der Lithosphäre bezeichnet die Bereiche des Erdballs, die sich aus sedimentierten Erdschichten zusammensetzen. Ergänzend dazu ist die Hydrosphäre der Bereich der Weltmeere und der allgemeinen Wasseroberfläche, wohingegen die Kryosphäre die Oberfläche des Meereises und der Gebirgsgletscher beinhaltet. Die Atmosphäre stellt gegenüber der Biosphäre den Bereich des Umgebungsvolumen der Luft dar. Die Biosphäre bildet die Oberfläche der

[13] Vgl. Bahlburg, H./ Breitkreuz, C. (2017), S. 406.

Landmassen der Erde.[14] Es finden konstante Umwandlungs- und Austauschprozesse zwischen den Sphären statt, die den Kohlenstoffkreislauf auf globaler Ebene beschreiben.[15] Photosynthese auf der einen Seite sowie Respiration, Diffusion, Auswaschung und Sedimentierung auf der anderen Seite sind die Hauptprozesse.[16] Durch die kausalen Zusammenhänge der Austausch- und Umwandlungsprozesse ergibt sich ein Kreislauf, der durch die Verbrennung der fossilen Brennstoffe (Erdöl, Erdgas) aufgrund der Industrialisierung eine zusätzliche Verstärkung der Konzentration des CO_2 in der Atmosphäre bewirkt.[17] In der folgenden Abbildung ist der Kohlenstoffkreislauf schematisch dargestellt, um die Wechselwirkungen und Prozesse zu visualisieren.

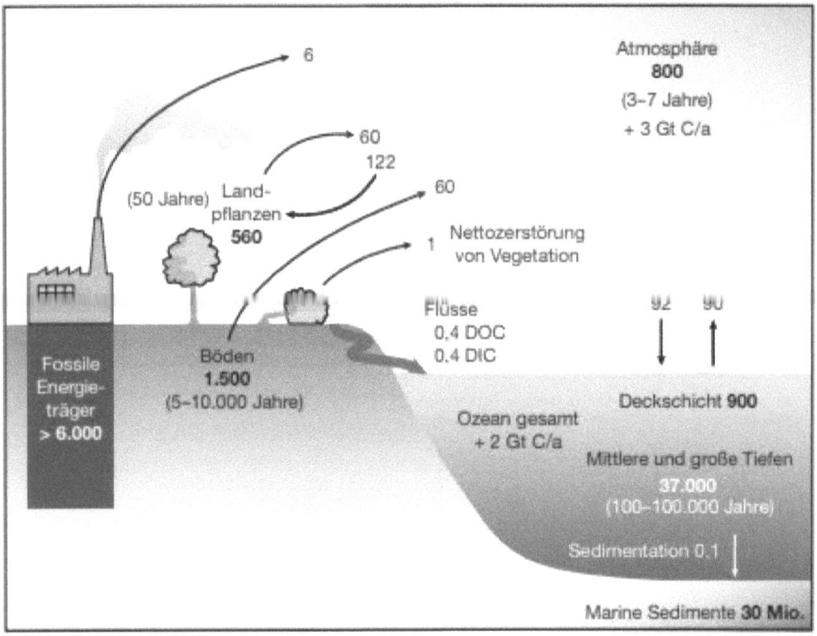

Abbildung 5: Kohlenstoffkreislauf (schematisch)

(Quelle: Entnommen aus Wissenschaftlicher Beirat der Bundesregierung Globale Umweltveränderungen (WBGU) (2006), S. 67.)

---

[14] Vgl. Guderian, R. (2000), S. 341f.
[15] Vgl. Kappas, M. (2009), S. 158.
[16] Vgl. Kallenrode, M.-B. (2006), S 159ff.
[17] Vgl. Gehr, P./ Kost, C./ Stephan, G. (1997), S. 16.

2.4 Der Treibhauseffekt

Unter Treibhauseffekt versteht man den Vorgang der verschiedenen Treibhausgase, wie Kohlendioxid (CO_2), Wasserdampf (H_2O), Distickstoffoxid (N_2O), Methan (CH_4) und Ozon (O_3), in der Atmosphäre durch ihre Eigenschaften in Bezug auf die elektromagnetische Sonneneinstrahlung einzuwirken. Für die kurzwellige Einstrahlung sind die genannten Gase transparent, jedoch absorbieren sie teilweise die langwellige Rückstrahlung. Es entsteht dadurch der gleiche Effekt, wie in einem Treibhaus, wodurch auch die Bezeichnung entsteht.[18] Dieser Mechanismus erzeugt auf der Erde eine Durchschnittstemperatur (+15°C), die Leben auf diesem Planeten erst möglich macht. Vergleicht man diese Temperatur mit der berechneten Temperatur ohne Treibhauseffekte (-18°C), so lässt sich ein Treibhauseffekt von $33K$ (15-(-18) =33K) ableiten. Der berechnete Wert von -18°C geht auf das Boltzmann-Gesetz zurück.[19] Daraus folgt, dass der Treibhauseffekt einen positiven Effekt auf das Leben auf der Erde hat. Jedoch ist die aktuelle Meinung, insbesondere vom Weltklimarat (IPCC = Intergovernmental Panel on Climate Change) gegenteilig und stellt den Treibauseffekt und die Zunahme auch nicht zuletzt aufgrund der Keeling Kurve für anthropogen, das heißt, menschengemacht und vor allem bedrohlich dar. Die Berechnungen, die einen Temperaturanstieg durch die Zunahme an CO_2 in der Atmosphäre prognostizieren, werden durch Modelle generiert, die jedoch von vielen Wissenschaftlern kritisch gesehen werden und dementsprechend in der Korrektheit der Ergebnisse angezweifelt werden.[20]

---

[18] Vgl. Wiegleb, G. (2016), S. 1135f.
[19] Vgl. Kappas, M. (2009), S. 83.
[20] Vgl. Kappas, M. (2009), S. 4.

3 Klimaforschung und die Keeling Kurve

3.1 Die Keeling Kurve

Unmissverständlich klar ist, dass die Keeling Kurve den Anstieg des CO_2-Gehalts und dem durch den Menschen mit in die Atmosphäre eingebrachten Kohlenstoff deutlich darstellt. Dies ist nicht durch die Kurve allein verdeutlicht, sondern durch den zeitlichen Rahmen, in der diese Kurve aufgetragen und mit Messwerten belegt ist. Ab Mitte des 20. Jahrhunderts ist die Industrialisierung auf der gesamten Erde angekommen, da ab diesem Zeitpunkt auch Regionen, wie Asien und Lateinamerika hinzuzuzählen sind. Dieser erhöhte Energiebedarf korreliert mit dem Anstieg an genutzten fossilen Brennstoffen, sodass sich folglich auch der Gehalt an Kohlendioxid in der Atmosphäre erhöhen musste. Genau ab diesem Zeitpunkt, mit dem Jahr 1958, begann die Aufzeichnung des CO_2-Gehalts durch die Messstation auf dem Mauna Loa und in der Antarktis.[21] Ebenfalls konnte durch den sinusförmigen Verlauf der Kurve über einen Zeitraum von einem Jahr der Zusammenhang zwischen Pflanzenvorkommen auf der Nord- und Südhalbkugel erklärt werden. Die Nordhalbkugel ist mit einer Landfläche doppelt so groß im Vergleich zur Südhalbkugel, sodass folglich die Flora der Nordhalbkugel die treibende Kraft bei der Verarbeitung von CO_2 aus der Atmosphäre durch Photosynthese ist.[22] [23] In der folgenden Abbildung ist die aktuelle Keeling Kurve dargestellt, an der auch kleinere Stagnationen im Verlauf im Bereich 1970 Jahre und 1990 Jahre erkennbar sind. Diese Stagnationen gehen auf die Weltwirtschaftskrisen in den 1970 und 1990 Jahren zurück und sorgten für kurzzeitig stagnierende Werte der CO_2-Konzentration in der Atmosphäre. Im Verlauf ist ebenfalls zu erkennen, dass der Schwellenwert von 400ppm im Jahr 2013 überschritten wurde.[24]

---

[21] Vgl. Guderian, R. (2000), S. 399ff.
[22] Vgl. Gehr, P./ Kost, C./ Stephan, G. (1997), S. 31ff.
[23] Vgl. Schacht, R. (2014), S. 155ff.
[24] Vgl. Sturm, B./ Vogt, C. (2011), S. 133f.

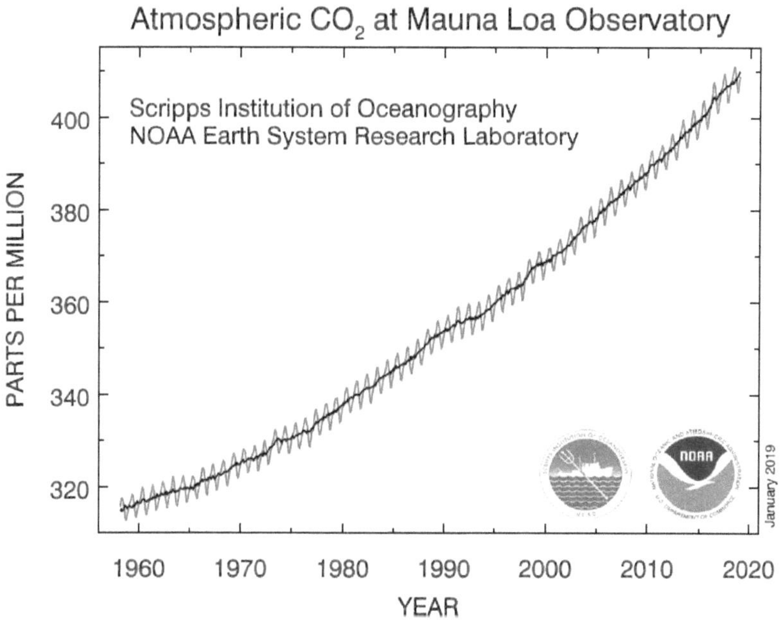

Abbildung 6: Verlauf CO2-Konzentration Mauna Loa, Hawaii

(Quelle: Entnommen aus National Oceanic and Atmospheric Administration (NOAA) (2019), o. S.)

3.2 Was kann die Keeling Kurve nicht leisten?

Das Klima ist ein Produkt aus komplexen Wechselwirkungen der Abläufe, die sich aus dem gesamten Ökosystem der Erde ergeben, dass nicht nur die Atmosphäre, sondern alle weiteren Bestandteile der Erde miteinschließt. Hinzu kommt, dass externe Effekte, wie beispielsweise die Sonnenaktivität mit in die Berechnungen und Klimaprozesse einbezogen werden müssen.[25] Aus diesem Grund liefert die Keeling Kurve unmissverständliche Daten, die Aufschluss über den globalen CO_2 Gehalt in der Atmosphäre geben. Es kann jedoch nicht mit der gänzlichen Erderwärmung und des Klimawandels alleinstehend verknüpft werden. Entgegen der allgemein verbreiteten Meinung, dass die Temperatur aufgrund des steigenden Kohlenstoffgehalts in der Atmosphäre ansteigt, zeigen die Aufzeichnungen, die aus der folgenden Abbildung zu entnehmen sind, dass die Temperatur sogar der CO_2- Konzentration voraus ist, das heißt, dass die

[25] Vgl. Brauch, H. G. (1996), S. 13f.

Phasenverschiebung der Temperatur bezogen auf den Kohlenstoffgehalt in der Atmosphäre vorgelagert ist.

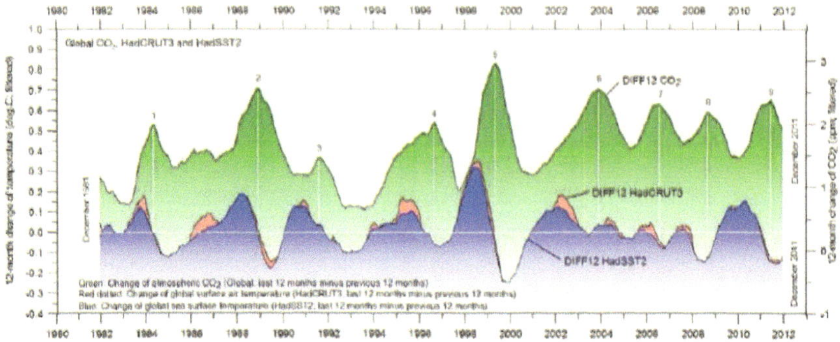

Abbildung 7: Temperatur und CO2 Verlauf (1980-2012)

(Quelle: Entnommen aus Humlum, O./ Stordahl, K./ Solheim, J: E. (2013), o. S.)

Dies steht in eindeutigem Widerspruch zu der allgemein verbreiteten Meinung, die Kohlendioxid als treibende Kraft in der Erderwärmung sieht und sich durch die Keeling Kurve bestätigt fühlt. Aus diesem Zusammenhang kann abgeleitet werden, dass der Kohlenstoffgehalt in der Atmosphäre nicht direkt auf den Temperaturanstieg angewendet werden kann. Entgegen dieser Tatsache kann aber die Sonnenaktivität mit dem Temperaturverlauf der Erde verknüpft werden.[26] Die Keeling Kurve allein kann also nicht zur Beschreibung und Erklärung des Klimawandels herangezogen werden und stellt lediglich die Entwicklung der CO_2-Konzentrationen auf der Erde dar. Die Entwicklungen, die aus diesem Klimaforschungsgrundstein herausgearbeitet worden sind, müssen jedoch in ihrer Aussage hinterfragt werden. Für den Klimawandel bzw. für die Klimaentwicklung sind weitere Faktoren zu betrachten.

3.3 Weitere Faktoren der Klimaentwicklung

Die Keeling Kurve befasst sich mit dem Anstieg der Kohlendioxidkonzentration in der Atmosphäre und ist ein wichtiges Instrument, um Aussagen bezüglich des Klimas machen zu können, jedoch sind weitere Faktoren in der komplexen Gleichung des Klimas zwingend zu berücksichtigen. Weitere Faktoren des Klimas sind der Wasserdampf, der einen erheblichen Teil zur Klimaentwicklung beiträgt. Dieser Wasserdampf hat Einfluss auf das Klima der Erde und entwickelt sich in der Troposphäre, die 75% der Masse der Atmosphäre ausmacht und allein

[26] Vgl. Öllerer, K. (2005), o. S.

deswegen schon einen gewichtigen Faktor darstellt.[27] Die folgende Abbildung stellt den Verlauf des Wasserdampfs aufgetragen über der Höhe in km dar. Der Verlauf der Temperatur und das Verhältnis von Ozon und Wasser, aufgetragen über die Höhe, sind ebenfalls dargestellt. Wasserdampf ist in Bodennähe mit größtem Volumenanteil vertreten.

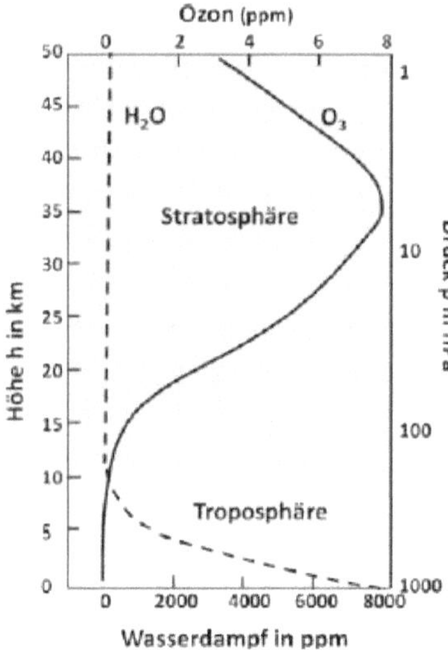

(Quelle: Entnommen aus Wiegleb, G. (2016), S. 16.)

Ein weiterer wichtiger Faktor ist ein weiteres Treibhausgas, das Methangas CH_4, dass durch die Massentierhaltung, Leckagen an Biogasanlagen und durch den weltweit erhöhten Anbau von Reis entsteht. Dieses Treibhausgas kommt in der Atmosphäre zu 1,85 ppm vor und stellt damit einen kleineren Faktor als CO_2 dar. Methan ist ein Quellgas, dass in höheren Lagen der Atmosphäre reaktive Substanzen bilden kann, dass dann die Ozonschicht angreift.[28] Dieser Ozonabbau bedeutet folglich, dass die elektromagnetische Strahlung der Sonne weniger gefiltert auf die Erdoberfläche und in die Erdatmosphäre eindringen kann, sodass dadurch ein Faktor der Klimaentwicklung entsteht bzw. entstehen kann.[29] Ein weiterer Faktor ist die Sonnenaktivität bzw. Nicht-Aktivität der Sonne, die durch die Anzahl der Sonnenflecken dargestellt wird. Die Bezeichnung lautet dann Sonnenfleckenrelativzahl und gibt an, wie aktiv die Sonne tatsächlich

---

[27] Vgl. Kallenrode, M.-B. (2006), S. 3f.
[28] Vgl. Kappas, M. (2009), S. 73.
[29] Vgl. Vgl. Kappas, M. (2009), S. 151.

ist. Durch die erhöhte Sonnenaktivität trifft folglich eine erhöhte elektromagnetische Strahlung auf die Atmosphäre der Erde ein und stößt dort weitere Folgen an. Es kann gezeigt werden, dass die Sonnenaktivität mit der Temperaturentwicklung der Erde mit einem Korrelationsfaktor von >0,9 im Zeitraum von 1850-2000 dargestellt werden kann.[30] Der Treibhauseffekt, der die Absorptionswirkung bestimmter Spurengase darstellt und somit die Bilanz zwischen Einstrahlung und terrestrischer Ausstrahlung erhöht, wird durch diese Spurengase auf natürliche Weise erzeugt, jedoch nicht durch anthropogene Auswirkungen hauptsächlich verstärkt.[31]

3.4 Positive Effekte aufgrund der Klimaforschung

Die globale Erwärmung ist als Teilproblem des globalen Wandels zu verstehen und ist einer der Effekte, die eine erhöhte Wirtschaftsintensität, Ressourcenverbrauch und -verknappung sowie ein Bevölkerungswachstum insgesamt mit sich bringen.[32] Dieses komplexe Konstrukt aus Klimawandel, globalem Wandel, Wirtschaftswachstum und Bevölkerungswachstum hat auch positive Effekte. Die positiven Effekte sind mit Sicherheit in der Effizienzsteigerung vieler Produktionsabläufe und dem Umweltschutz insgesamt zu sehen. Der Umweltschutz mindert diesbezüglich die Problematik von Ressourcenverbrauch und -verknappung und fördert Energieeffizienz und Erhaltung des natürlichen Lebensraumes. Da die Entwicklung der effizienten Produkte und Produktionen sowie die Erhaltung der Ressourcen ziemlich zu Anfang stehen, ist das Potenzial in diesem Sektor sehr groß zu bewerten. Hätte es jedoch die Aufzeichnungen durch Charles Keeling nicht gegeben, wäre der Forschungsstand wahrscheinlich einige Jahre dem heutigen Stand hinterher und welche Folgen sich daraus ergeben würden, kann und soll hier nicht skizziert werden.

---

[30] Vgl. Mahlberg, H. (2007), o. S.
[31] Vgl. Guderian, R. (2000), S. 493f.
[32] Vgl. Kappas, M. (2009), S. 154.

4 Zusammenfassung und Ausblick

Die vorliegende Arbeit stellt die theoretischen Grundlagen bezüglich der Keeling Kurve und seiner Bestandteile dar. Aufgrund dieser Grundlagen konnte die Keeling Kurve vorgestellt und erläutert werden. Hinzu kamen weitere Faktoren, die die Klimaforschung betreffen und die Keeling Kurve ergänzen. Die Keeling Kurve konnte somit in ihrer Bedeutung in ein Verhältnis gesetzt werden. Dass die Kohlendioxidkonzentration in der Atmosphäre steigt, wie es der Keeling Kurve zu entnehmen ist, zeigt, dass die Industrialisierung einen Effekt auf dieses Spurengas in der Atmosphäre hat. Jedoch kann daraus nicht eindeutig abgeleitet werden, dass die Auswirkungen direkte Auswirkungen auf das Klima der Erde haben, da es sich beim Klima um ein äußerst komplexes System handelt, dass nicht nur auf interne, sondern auch auf externe Effekte reagiert und sich so im Klima äußert. Die Sonnenfleckenrelativzahl sowie der Abbau von Ozon in der Troposphäre stellen ebenfalls einen enormen Anteil am System Klima dar. Darüber hinaus ist gezeigt worden, dass der Anstieg an CO_2 in der Atmosphäre der Temperatur nicht voraus ist, sondern, dass dieses Zusammenspiel genau gegenteilig verläuft. Insgesamt konnte gezeigt werden, dass die Bedeutung der Keeling Kurve in der Klimaforschung sehr groß ist, jedoch nicht den einzigen wichtigen Baustein in der Klimaforschung darstellt. Da es sich um ein äußerst komplexes System handelt, sind viele weitere Bausteine zu beachten, die in ein geeignetes Modell übertragen werden müssen, um in Bezug auf den Klimawandel bzw. das Klima als solches aussagefähig zu sein.

Literaturverzeichnis

Autor	Beschreibung
Bahlburg, H./ Breitkreuz, C.	Grundlagen der Geologie 5.Auflage, Berlin 2017, Springer Spektrum
Brauch, H. G.	Klimapolitik – Naturwissenschaftliche Grundlagen, internationale Regimebildung und Konflikte, ökonomische Analysen sowie nationale Problemerkennung und Politikumsetzung 1.Auflage, Berlin Heidelberg 1996, Springer-Verlag
Bundeszentrale für politische Bildung	Die Entdeckung des menschlichen Einflusses auf das Klima – Christiane Beuermann, 7.5.2013 Verfügbar unter: http://www.bpb.de/gesellschaft/umwelt/klimawandel/38444/entdeckung-des-menschlichen-einflusses [Datum des Abrufs: 15.1.2019]
Fischedick, M./ Görner, K./ Thomeczeck, M.	CO2: Abtrennung, Speicherung, Nutzung – Ganzheitliche Bewertung im Bereich von Energiewirtschaft und Industrie 1.Auflage, 2015 Heidelberg, Springer Vieweg
Gehr, P./ Kost, C./ Stephan, G. (Hrsg.)	Klimaschwankungen und Kohlenstoffkreislauf Thomas Stöcker erschienen in: CO2 – Eine Herausforderung für die Menschheit 1.Auflage, Berlin Heidelberg 1997, Springer-Verlag

Guderian, R.	Handbuch der Umweltveränderungen und Ökotoxikologie – Atmosphäre Aerosol/ Multiphasenchemie Ausbreitung und Deposition von Spurenstoffen Auswirkungen auf Strahlung und Klima 1.Auflage, Berlin Heidelberg 2000, Springer-Verlag
Humlum, O./ Stordahl, K./ Solheim, J: E.	Global and Planetary Change – The phase relation between atmospheric carbon dioxide and global temperature Volume 100, 2013, pages: 51-69, Elsevier
Kallenrode, M.-B.	Physik der Atmosphäre Verfügbar unter: http://www.sotere.uni-osnabrueck.de/Lehre/skript/atmo-master.pdf [Datum des Abrufs: 16.1.2019]
Kappas, M.	Klimatologie – Klimaforschung im 21. Jahrhundert - Herausforderung für Natur- und Sozialwissenschaften 1.Auflage, Heidelberg 2017, Springer Akademischer Verlag
Mahlberg, H. Univ.-Prof. (a.D.)	Über den dominierenden solaren Einfluss auf den Klimawandel seit 1701 300-jährige Klimadiagnose kontra Treibhausdebatte Verfügbar unter: http://www.klimaskeptiker.info/index.php?seite=beitraege/malberg_solar.php [Datum des Abrufs: 20.1.2019]
National Oceanic and Atmospheric Administration (NOAA)	Atmospheric CO2 at Mauna Loa Observatory Verfügbar unter: https://www.esrl.noaa.gov/gmd/ccgg/trends/full.html [Datum des Abrufs: 18.1.2019]

Öllerer, K.	Klimawandel: Der Hockeystick Verfügbar unter: http://www.klimanotizen.de/Newsletter_13_-_Der_Hockeystick.pdf [Datum des Abrufs: 20.1.2019]
Schacht, R.	Wann bekommen die Küstenbewohner denn nun nasse Füße? 1.Auflage, Wiesbaden 2014, Springer Spektrum
Schönwiese, C.	Klimaänderungen – Daten, Analysen und Prognosen 1.Auflage, Berlin Heidelberg 1995, Springer-Verlag
Sturm, B./ Vogt, C.	Umweltökonomik – Eine anwendungsorientierte Einführung 1.Auflage, Berlin Heidelberg 2011, Springer-Verlag
Tuckermann, R.	Atmosphärenchemie – WS 2005/ 2006, Technische Universität Braunschweig Verfügbar unter: http://www.pci.tu-bs.de/aggericke/PC5-Atmos/Struktur_der_Atmosphaere.pdf [Datum des Abrufs: 15.1.2019]
Wiegleb, G.	Gasmesstechnik in Theorie und Praxis – Messgeräte, Sensoren, Anwendungen 1.Auflage, Wiesbaden 2016, Springer Vieweg
Wissenschaftlicher Beirat der Bundesregierung Globale Umweltveränderungen (WBGU)	Die Zukunft der Meere – Zu warm, zu hoch, zu sauer Verfügbar unter: https://www.wbgu.de/fileadmin/user_upload/wbgu.de/templates/dateien/veroeffentlichungen/sondergutachten/sn2006/wbgu_sn2006.pdf [Datum des Abrufs: 20.1.2019]